Christian Benner

Zur Geomorphologie und Geologie der Japanischen Inseln

Ein Japan Studien-Beitrag

GRIN Verlag

Bibliografische Information der Deutschen Nationalbibliothek:

Die Deutsche Bibliothek verzeichnet diese Publikation in der Deutschen National-
bibliografie; detaillierte bibliografische Daten sind im Internet über http://dnb.d-
nb.de/ abrufbar.

Impressum:

Copyright © 2010 GRIN Verlag GmbH
Druck und Bindung: Books on Demand GmbH, Norderstedt Germany
ISBN: 978-3-640-82105-1

Dieses Buch bei GRIN:

http://www.grin.com/de/e-book/165975/zur-geomorphologie-und-geologie-der-
japanischen-inseln

Johannes Gutenberg Universität Mainz
Projekt Japanstudien

Landeskunde Japans I
WiSe 2010/11

Zur Geomorphologie und Geologie
der Japanischen Inseln

Abgabetermin: November 2010

Name: Christian Benner

Studienfächer: Geographie, Physik, Bildungswissenschaften, *Projekt Japanstudien*

Fachsemester: 8

A   Inhaltsverzeichnis

1   Von Gebirgen, Gesteinen und Prozessen – Eine Einleitung

Am Grunde die Steine

scheinen bewegt - so

klar das Bächlein.

(Natsume Soseki [1]*)*

Es bewegt sich ʿwas in Japan. Nicht nur die Steine eines nicht näher bekannten Gebirgsbächleins, wie von NATSUME SOSEKI in seinem Gedicht auf lyrische Weise anmutig beschrieben, vielmehr wird das Land Japan in seiner Gesamtheit bewegt – ebenso wie die Menschen dort. Geographisch interpretiert scheint NATSUME SOSEKIs obiges Haiku das dichterische Ergebnis eines tagtäglich millionenfach ablaufenden *fluvialmorphologischen* Materialtransportprozesses zu sein: Wasser verrichtet Arbeit an einem Stein. Doch auch eine andere, tiefere Deutung mag sinnig erscheinen: Der Ausdruck „Am Grunde die Steine [...]" lässt im übertragenden Sinne auf das japanische Festland schließen, dessen Schönheit und Vollkommenheit, die sich im Ausdruck „so / klar das Bächlein" wiederspiegelt, sich in ständiger Gefahr einer *endogenen Bewegung*, eines *Erdstoßes* bzw. *Erdbebens* befindet.

Tatsächlich ist Japan sehr erdbebengefährdet, liegt es doch am Rande des *circumpazifischen Feuergürtels*, einer den *Pazifischen Ozean* umfassenden Zone *junger Vulkanketten* und häufiger Erdbeben (vgl. TIETZE, [2]1973: 781). Die Existenz des japanischen Festlandes, genauer gesagt des *Japanischen Inselbogens*, lässt sich in Gänze *morphotektonisch*, d.h. mithilfe der Theorie der *Plattentektonik*, erklären (vgl. ZEPP, [4]2008: 31-37). Hier erstmals erwähnt, soll dies im Kapitel »Geomorphologie« später ausführlicher erfolgen. Selbst für Laien ist es aufgrund der speziellen, vulkanisch-tektonisch geprägten *Physiognomie* Japans (Gebirge, Vulkane, Verwerfungen, Rutschungen, uvm.) unschwer zu erkennen, daß das Land stetigen geographischen, bisweilen sogar *topographischen,* Veränderungen unterworfen ist. So entsteht zusätzlich zum *japanischen Kernland* bspw. regelmäßig *Neuland* (kleinere Inseln) infolge unterseeischer *vulkanischer Aktivität* und *Geosynklinal-Hebungen* (vgl. GNIBIDENKO, 1979: 85).

Die erwähnten Veränderungen sind alle *physischgeographischer* Natur, haben jedoch auch *humangeographische Auswirkungen*. Ziel dieser Arbeit ist es in den folgenden Kapiteln ebendiese, für Japan bedeutenden, *physischen Prozesse* beispielhaft anhand der *Geomorphologie* und *Geologie* aufzuzeigen und in einem abschließenden Fazit die Bedeutung des Wissens um diese Grundlagen für den Umgang mit deren *Auswirkungen auf den Menschen* zu bewerten.

---

[1] Japanisches Haiku. Deutsche Übersetzung: GÜNTER DEBON (o.J.); Original von NATSUME SOSEKI (1867-1916)

2   Ein Streifzug durch die abwechslungsreiche Geomorphologie Japans

2.1   Topographie und Plattentektonik

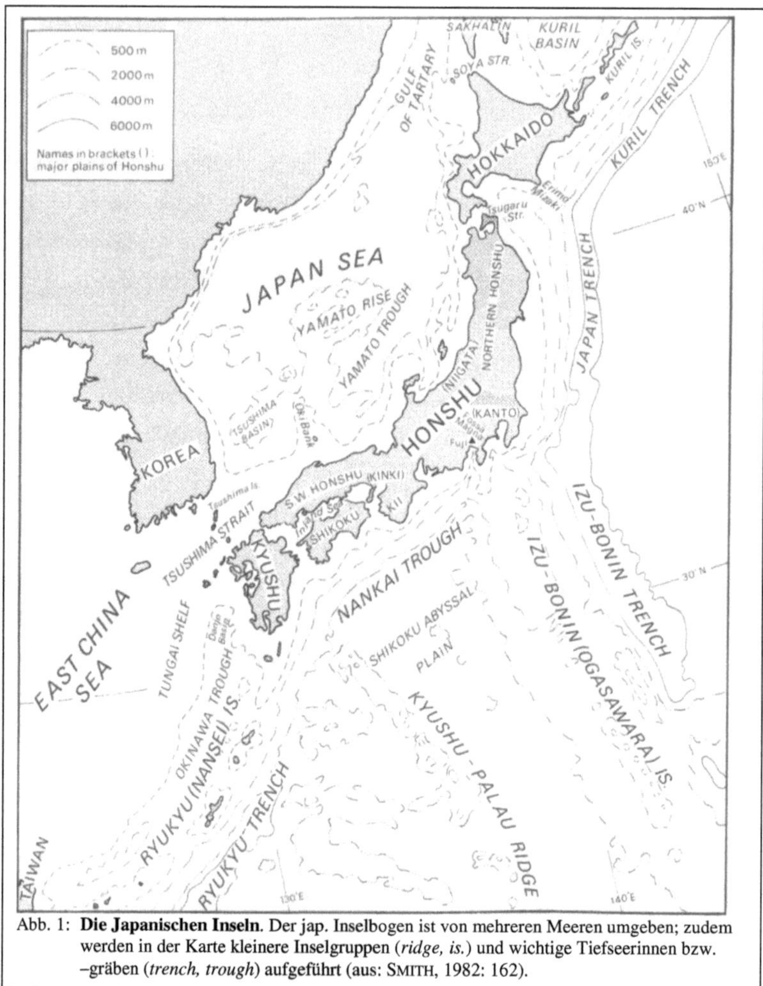

Abb. 1: **Die Japanischen Inseln.** Der jap. Inselbogen ist von mehreren Meeren umgeben; zudem werden in der Karte kleinere Inselgruppen (*ridge, is.*) und wichtige Tiefseerinnen bzw. –gräben (*trench, trough*) aufgeführt (aus: SMITH, 1982: 162).

Eine *vulkanische Inselkette*, die russischen *Kurilen*, begrenzt im Norden das japanische Reich und bildet ferner die Grenze zu *Hokkaido*, der am nördlichsten gelegenen Insel der vier Hauptinseln, welche zusammengenommen den größten Teil des japanischen *Archipels* stellen. Südlich der *Tsugaru Straße*, einer Meerenge, liegt *Honshu*, die größte und bedeutendste Insel Japans. Die nördliche Hälfte Honshus ist in direkter Nord-Süd-Richtung ausgerichtet, in Honshus Mitte ändert sich jedoch abrupt diese Ausrichtung hin zu einem nahezu idealen West-Ost-Verlauf. Grund hierfür ist ein Störungsgebiet namens *Fossa Magna*, welches Honshu mittig durchquert und für Japan ein *geologisches Strukturelement* erster Güte darstellt. Süd-west-Honshu wird am östlichen Ende von *Kii*, einer Halbinsel, begrenzt. Westlich hiervon liegt *Shikoku*, die kleinste der vier Hauptinseln. In südwestlicher Richtung wird Japan schließ-lich von der vierten Insel im Bunde, *Kyushu*, komplettiert. Die japanischen Inseln vollziehen demnach einen *konvexen (Insel-)Bogen* gegen den angrenzenden Pazifik, wobei dieser der *eurasischen Landmasse* im Süden und Norden, respektive bei Kyushu und Hokkaido, am wei-testen angenähert ist. Vergleiche hierzu und im Folgenden immer wieder Abbildung 1. In südöstlicher und südwestlicher Richtung vom Kernlande erstrecken sich mehrere zu Japan zählende Inselgruppen bzw. –ketten, wovon die *Ryukyu Inseln* nahe Taiwan und die *Izu-Bonin (Ogasawara) Inseln* im Pazifik die wichtigsten sind. Ein mächtiges *Grabensystem* (A), beste-hend aus dem *Kuril-*, dem *Japan-*, dem *Izu-Bonin-* und dem *Marianen-Graben*, zieht sich von den Kurilen entlang Nord-Honshu pazifikwärts gen Südosten. Ebenso befindet sich ein nicht minder bedeutendes, jedoch kleinres Grabensystem (B) entlang der pazifischen Seite der Ry-ukyu Inseln und südlich Shikokus, bestehend aus dem *Ryukyu-Graben* und der *Nankai-Rinne*. (vgl. SMITH, 1982: 161).

In der Sprache der *Plattentektonik* lässt sich die soeben beschriebene Topographie Japans wie folgt erklären: Das Tiefseegrabensystem A resultiert aus dem Aufeinandertreffen zweier *Erd-platten;* die ozeanische *Pazifische Platte* trifft auf den *Japanischen Inselbogen* und taucht unter diesem ab. Diesen Vorgang nennt man *Subduktion* (vgl. ZEPP, [4]2008: 31-37). Infolge-dessen entstanden durch *Orogenese* seit dem späten *Känozoikum* (spätes *Neogen/* frühes *Quartär*) weite Teile der *nördlichen Japanischen Alpen* mit ihren *intrusiven* Vulkanen (vgl. OLLIER, 2006: 442). Das Rinnensystem B resultiert hingegen aus der Kollision des nördlichen Ausläufers der *Philippinischen Platte* mit dem *Japanischen Inselbogen*; hierbei schiebt sich die Philippinische Platte ebenso unter den Inselbogen und bewirkte so im Laufe der Jahrmilli-onen die Entstehung weiterer Vulkane sowie der *südlichen Japanischen Alpen*. Zeitgleich schiebt sich unterhalb des *Izu-Bonin-Grabens* die Pazifische Platte unter die Philippinische Platte, weshalb hier die bereits erwähnten *vulkanischen Ogasawara Inseln* entstehen konnten. Japan ist demnach tektonisch stark beansprucht. Dies äußert sich mehrmals im Jahr durch *Erdbeben* und *Vulkanausbrüche*. Das Land ist sehr gebirgig und besitzt nur eine kleine An-zahl an Ebenen, die über Meeresniveau liegen. Diese sind meist *fluviatilen Ursprungs* und stellen die *Schwemmfächer*, d.h. das *Akkumulations- und Sedimentationsgebiet* der *erodieren-*

den Flüsse aus den Gebirgen dar. Strenggenommen sind sie nichts anderes als *Hochebenen* und *Hochtäler* im Gebirge, denn dieses setzt sich unterseeisch noch einige Kilometer steil fort. Erst weit unter dem Meeresspiegel liegen die eigentlichen *Gebirgsfüße* bzw. *Pedimente*, welche in unterseeische *Terrassen* übergehen, die das Gebirge von den *subduktionsbedingten Tiefseerinnen (Gräben)* abgrenzen. (vgl. SMITH, 1982: 161).

Nachfolgende Abbildung 2 stellt die bereits erwähnten *tektonischen Prozesse* graphisch dar:

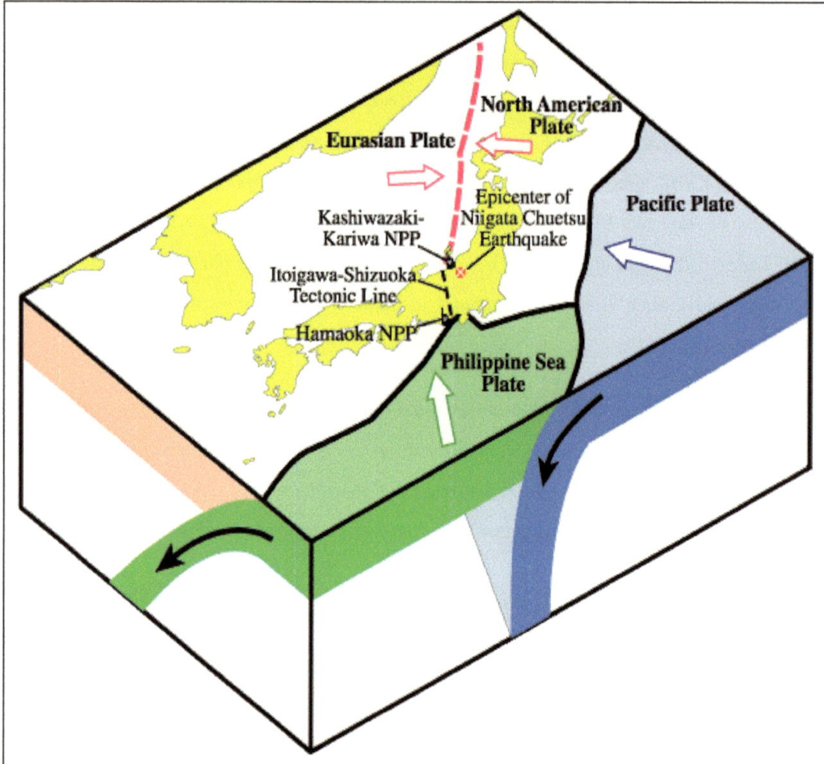

Abb. 2: **Plattentektonik der Japanischen Inseln.** Drei Erdplatten (zählt man die *eurasische* und *nordamerikanische* Platte als eine große Platte) driften bei Japan gegeneinander. Subduktion der *Pazifischen Platte* unter die *Philippinische Platte* und Subduktion der Philippinischen Platte unter die eurasische (und damit unter den *jap. Inselbogen*) lassen die Inselketten der Izu-Bonin Inseln und der Ryukyu Inseln entstehen. Kollision der beiden *ozeanischen* Platten mit dem *kontinentalen* eurasischen Festland ließen die vier japanischen Hauptinseln entstehen, den jap. Inselbogen. (aus: CNIC (CITIZEN'S NUCLEAR INFORMATION CENTER), 2010: cnic.jp)

2.2 Fluvialmorphologie und Hydrologie

2.2.1 <u>Wasserscheiden</u>

Japan besitzt im Vergleich zu ähnlich großen Ländern der Welt ein sehr *angestrengtes Relief* mit sehr *hohen Reliefenergien* sowie ein sehr ausgeprägtes und zugleich *weitläufiges Drainage-* und *Wasserscheidensystem*. Abbildung 3 zeigt dies anschaulich auf.

Der Verlauf der großen *Wasserscheiden* liegt in drei typischen Charakteristika der Japanischen Inseln begründet (nach OGUCHI ET AL., 2001: 5):

1) Der jap. Inselbogen ist gekennzeichnet durch einen flächenmäßig großen Anteil an *schmalen* und *langgezogenen Gebirgen* sowie *hügeligen Landschaften*.

2) Die höchsten *Gebirgszüge* befinden sich im Landesinneren entlang einer Linie mittig verlaufender sogenannter *Inselrücken*.

3) Die jap. Gebirgszüge werden oft begrenzt und beschnitten durch *Störungslinien* mit hohen *vertikalen Versatzraten* (→ senkrechte *Felswände* entstanden, die sich zur Wasserscheide entwickeln konnten) und zeichnen sich daher zudem durch starke *Deformationen* aus, die sich in engliegenden Gesteins-*Falten* äußern.

Alle drei Charakteristika zusammengenommen bilden die Grundlage für das bereits erwähnte, ausgeprägt steile *Relief* der japanischen Gebirge, welches sich trotz der relativ *geringen Gebirgsbreiten* und -*erstreckungen* entwickeln konnte. Beispielsweise besitzt das *Kiso-Gebirge* in Zentraljapan mächtige *Reliefunterschiede* von circa 2000 Metern, obwohl seine horizontale Ausdehnung nur rund 15 Kilometer beträgt. Der Großteil der japanischen Flüsse stellt *konsequente Flüsse* dar, dies bedeutet die Flüsse neigen dazu *senkrecht* zu den Gebirgszügen auf kürzestem Wege abzufließen. In Verbindung mit dem steilen Relief verwundert es nicht, daß die *Longitudinalprofile* dieser Flüsse äußerst *steile Profile* aufweisen, sprich ein Fluss von Quelle zu Mündung nur eine extrem kurze, jedoch äußert geneigte Strecke durchfließt. Abbildung 4 stellt sodann einige Longitudinalprofile japanischer und nicht-japanischer Flüsse dar.

Erwähnenswert ist, daß obwohl der *Shinano* der längste Fluss der japanischen Inseln ist, sein *Gefälle-Gradient* dennoch größer als die Mehrzahl der Gradienten der nicht-japanischen Flüsse ist. Die klar abgegrenzten Wasserscheiden werden jedoch nicht nur durch kurze Longitudinalprofile charakterisiert, sondern auch durch steile *Talhänge*, die als Folge der *rückschreitenden Tiefenerosion* der Flüsse entstanden sind und oftmals ein *Hanggefälle* von bis zu 35° aufweisen (vgl. KATSUBE / OGUCHI, 1999).

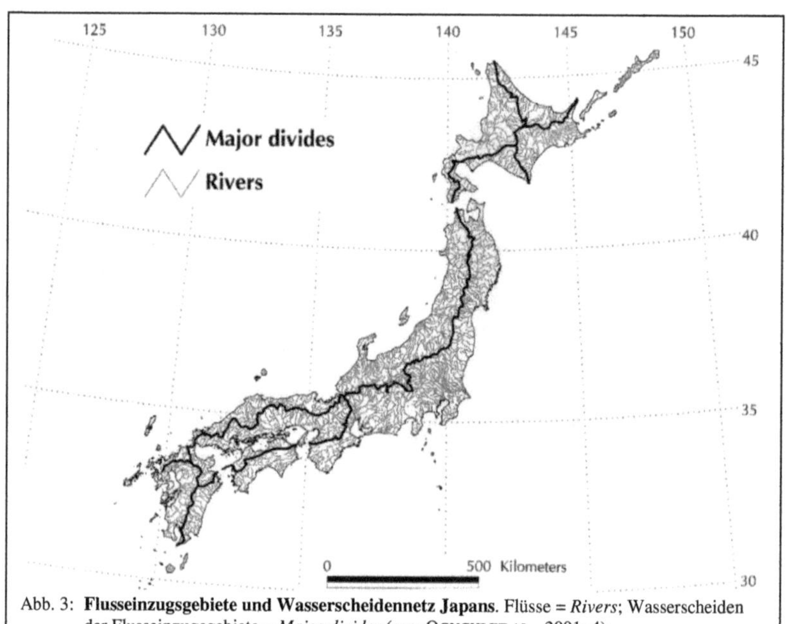

Abb. 3: **Flusseinzugsgebiete und Wasserscheidennetz Japans.** Flüsse = *Rivers*; Wasserscheiden der Flusseinzugsgebiete = *Major divides* (aus: OGUCHI ET AL., 2001: 4).

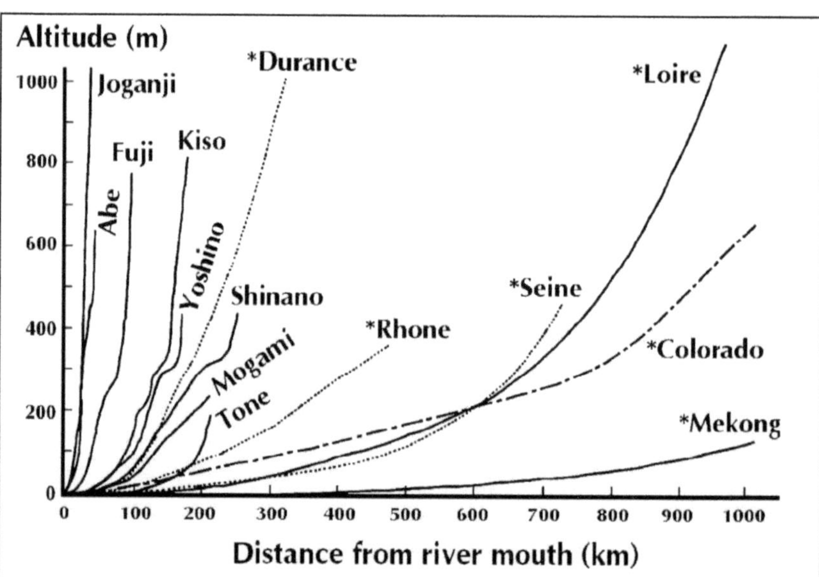

Abb. 4: **Longitudinalprofile japanischer und nicht-japanischer Flüsse.** Aufgetragen ist die *Höhenlage* bestimmter Flußabschnitte gegenüber der *Distanz* ebendieser von der Mündung. Auffällig ist die Steilheit der Profile der japanischen Flüsse (ohne*) gegenüber der Mehrheit der nicht-japanischen Flüsse (mit*). [Die Graphik stellt nur einen Ausschnitt dar] (aus: OGUCHI ET AL., 2001: 5).

2.2.2 Meteorologische Spezifika

Die Japanischen Inseln werden regelmäßig von schweren, *regnerischen Stürmen* heimgesucht. MATSUMOTO (1993) ermittelte die globale Verteilung der *an einem Tag* gemessenen maximalen Niederschlagsmengen, bemerkend, daß Japans Inseln mitsamt ihrer unmittelbaren Umgebung einem täglichen Niederschlag von mehr als 300 mm – wenigstens einmal seit Beginn der modernen meteorologischen Aufzeichnungen – ausgesetzt waren. Einige japanische Wetterstationen registrierten sogar tägliche Werte von durchschnittlich mehr als 1000 mm Wassersäule. Solch mengenmäßig große Niederschlagswerte an einem Tag wurden in Europa und Nordamerika nur selten gemessen. Es drängt sich daher die Frage auf: Warum ist die beobachtete *‚precipitation'* so hoch? Als mögliche Gründe für jene eigentümlichen Sturmwetter führen OGUCHI ET AL. (2001: 5) vor allem zwei Faktoren an: *Taifune* und die *Polarfront*.

„*Taifune* sind *tropische Wirbelstürme*, die als Spiralwirbel um ein Zentrum abnorm niedrigen Luftdrucks Sturmstärken bis zu 270 km/h erreichen und aus dem Gebiet der Marianen und Palau-Inseln in Form von Parabelbögen [von August bis Oktober] auf die ostasiatische Küste eindrehen (SCHÖLLER, 1987: 352)." Während ihrer Laufzeit über den warmen Pazifik ist es den *Taifun-Zyklonen* besonders gut möglich riesige Mengen an *latenter Energie* und *Wasserdampf* aufzunehmen, der beim Auftreffen auf das Festland in *Sturmergüssen* niederschlägt und zu den für Mensch und Natur teils verheerenden Auswirkungen (z.B. *Überschwemmungen, -flutungen*, etc.) führt (vgl. SCHÖLLER, 1987: 352-354). Abbildung 5 stellt die *saisonalen Taifunzugbahnen* dar und geht auf weitere klimatische wie geomorphologische, zum Teil bereits im Kapitel »Plattentektonik« erwähnte *Naturrisiken* ein.

Japan liegt im Jahreskreis zeitweilig in der *Westwindzone/Westwinddrift* der Erde. „Charakteristisch für diese Zone sind Wellenbewegungen unterschiedlicher Wellenlänge sowie das Auftreten ausgedehnter *Fronten* mit Tiefdruckgebieten (*Zyklonen*) und Hochdruckgebieten (*Antizyklonen*). Ursächlich lässt sich die Westwinddrift im Bereich der *Frontalzone* als *thermische Windzone* verstehen, welche durch das Temperaturgefälle zwischen Tropen und polaren Breiten angetrieben wird. Die kalten Luftmassen der hohen Breiten treffen an der *Polarfront* mit den wärmeren Luftmassen der gemäßigten Zone und der Subtropen zusammen (KAPPAS, 2009: 111)." Der Einfluß der aus dem Norden kommenden Polarfront ist in Japan besonders in den Sommermonaten, von Juni bis Juli, spürbar; er äußert sich durch *heftige Regenfälle* während der sogenannten *Bai-u*, der Hauptregenzeit. In Westjapan können die Niederschläge der Polarfront ab und an zu ähnlich schweren Auswirkungen führen wie Taifune; besonders dann, wenn *warmfeuchte Winde* aus dem subtropischen Süden in die *kältere Front* hineinwehen und dadurch *Starkregenereignisse* hervorrufen (vgl. OGUCHI ET AL., 2001: 5).

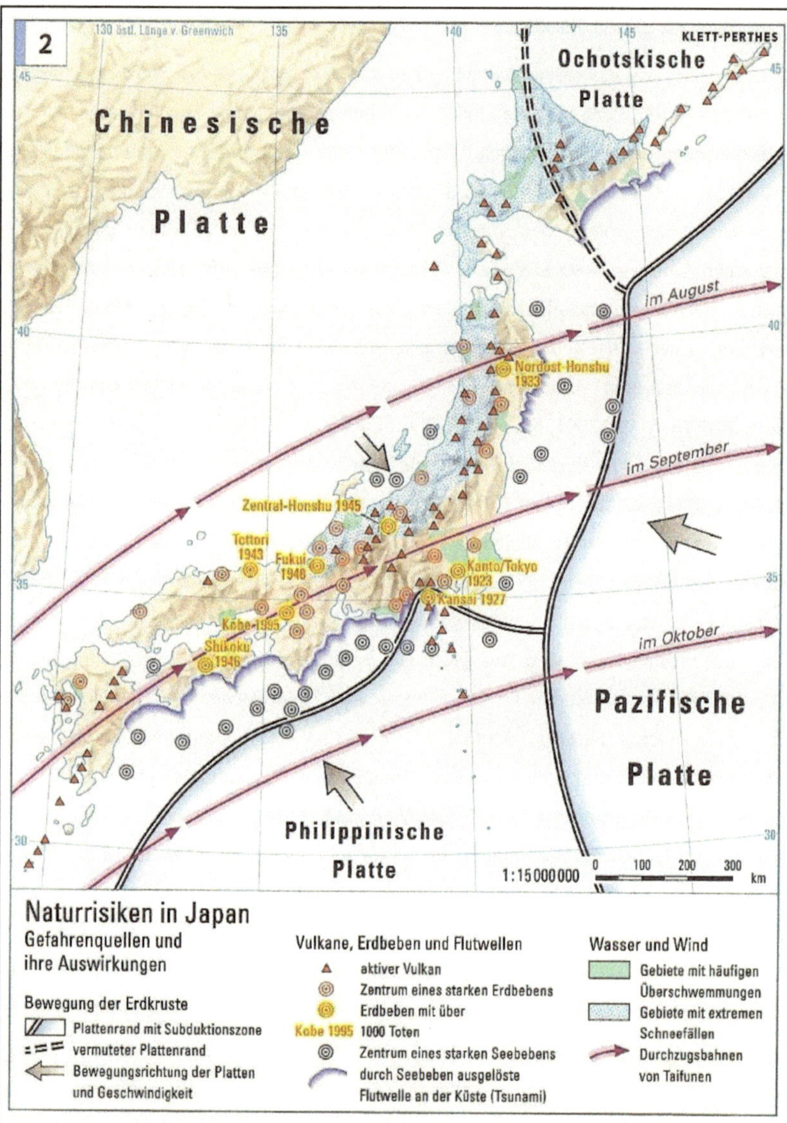

Abb. 5: **Natürliche Gefährdungspotentiale in Japan.** Die Durchzugsbahnen der *Taifune* variieren im Jahresverlauf – in den Wintermonaten gibt es keine Taifune. Der Einfluß der kalten Polarluft und der *Polarfront* wird in der Karte durch Gebiete mit extremen winterlichen Schneefällen im Norden Japans verdeutlicht. Erd- und Seebebengefährdetes Japan – das Kobe-Beben stellt bis heute eines der schlimmsten *Erdbeben* im Bewusstsein der Japaner dar. Gebiete mit *Überschwemmungsgefährdung* lassen den Schluß auf ausgiebige *Niederschlagsmengen* zu [Werte in der Karte nicht aufgeführt] (aus: HAACK-WELTATLAS, 2007: 147).

2.2.3 Gravitative Massenbewegungen

Nachdem sich in den vorangehenden Kapiteln überwiegend geomorphologischen Randgebieten, wie der *Plattentektonik* und der *Meteorologie*, gewidmet wurde, soll sich das folgende Kapitel mit dem ur-geomorphologischen Gebiet der *gravitativen Massenbewegungen*, hier der *Bergstürze* und *Hangrutschungen* in Japan, beschäftigen. Warum zuerst auf die Wasserscheidensysteme und Niederschlagswerte der Japanischen Inseln eingegangen wurde, wird nun verständlich: Die Kombination von steil exponierten Wasserscheiden mit regelmäßig wiederkehrenden, schweren Niederschlagsereignissen führt ebenso regelmäßig zu *großflächiger Sturz-, Rutschungs-* und *Fließdenudation* (*Bergstürze, Hangrutschungen, Muren, Erdfließen,* uvm.) (vgl. ZEPP, [4]2008: 107-112; OGUCHI ET AL., 2001: 5). Diese Prozesse machen den mengenmäßigen Großteil der *Sediment-Produktion* japanischer Gebirge aus. Aufzeichnungen über Rutschungen an steilen Hangflanken in den Zentralalpen Japans bestätigen, daß die Mehrheit der *Materialabgänge* Denudationen im Sinne von Bergstürzen, Hangrutschungen und der damit einhergehenden *Runsen*-Bildung sind (vgl. OGUCHI, 1996). Den gravitativen Massenbewegungen wird vonseiten der japanischen Öffentlichkeit, allen voran den *(Bau-) Ingenieuren* und sogenannten „*Erosions-Kontrolleuren*", große Aufmerksamkeit eingeräumt, da diese oft schwerwiegende Katastrophen zur Folge haben. Studien von MICHIUE und KOJIMA (1980) führen an, daß derartig komplexe Denudations-Prozesse bereits ab einer Niederschlagsrate von 100 mm - 200 mm pro Tag einsetzen können.

Es gilt als eindeutig belegt, daß die *humiden* Regionen der Welt aufgrund ihrer dichteren *vegetativen Bewachsung* durch eine schwächere bzw. geringere Sediment-Produktion ausgezeichnet sind als *semi-aride* Regionen, die der *vegetationsbedingten Protektion* vor *erosiven Ereignissen* nicht in diesem Maße unterliegen (vgl. OGUCHI ET AL., 2001: 6). Für Japan scheint diese „Regel" jedoch nicht zu gelten. Hier treten Bergstürze und Hangrutschungen auch dann auf, wenn Hänge dicht überwuchert und bewachsen sind. Da viele Steilhänge in ihrer Standfestigkeit durch wurzelnde Vegetation geschwächt sind (*Wurzelsprengung*), und zugleich die *Durchwurzelung* nicht intensiv genug ist, um die Last des (bei den enormen Niederschlagswerten stark aufgequollenen) Bodenmaterials zu halten, wird die *Vegetation* demnach zusammen mit allem restlichen *Erdmaterial* weggerissen und abtransportiert (VGL. OHMORI, 1983). Tritt ein solches wetterbedingtes Rutschungsereignis auf, so wird die entstandene *Abrissnische* aufgrund des humiden Klimas äußerst schnell neu besiedelt. Dieser Mechanismus erklärt die *Koexistenz*, das Nebeneinandervorkommen, einerseits einer hohen Sedimentationsrate und andererseits einer dichten Vegetation in den japanischen Gebirgen (vgl. OGUCHI ET AL., 2001: 6). Abbildung 6 zeigt eine solche Abrissnische nach einer Rutschung.

Abb. 6: **Abrissnischen nach einer Hangrutschung.** Die Hangrutschungen ereigneten sich im Fluss-einzugsgebiet des *Kusari* in den nördlichen Japanischen Alpen (Zentraljapan). Derartige Nischen werden aufgrund des *humiden Klimas* Japans schnell wieder bewachsen. Man erkennt die *Steilheit des Geländes* u.a. an der Mächtigkeit des *Materialabgangs*, selbst die Vegetation wurde abtransportiert (aus: OGUCHI ET AL., 2001: 6).

Abb. 7: **Alluvialebene des *Kurobe*-Flußes.** Der *Kurobe* mündet in das *Japanische Meer* in Höhe Zentraljapans. Der Fluss hat im Gebirge einen Gefälle-Gradienten von über 20%, in der Sedimentationsebene jedoch nur noch 1%. Gut zu erkennen ist die sedimentierte *Flußfracht*: erodiertes Material alter Rutschungen (aus: OGUCHI ET AL., 2001: 8).

2.2.4 Überflutungen und Sedimentation

Eine weitere Konsequenz aus dem Zusammenspiel der steilen Wasserscheiden und des niederschlagsreichen Wetter Japans sind ausgesprochen große *Überflutungsereignisse* und *Überschwemmungen*. Unmengen an Niederschlagswasser sammeln sich in *kürzester Zeit* aufgrund der steilen Hänge, die das Wasser schnell abfließen lassen, an, stürzen über kleinere *runsenartige Bachläufe* zu Tal und lassen so den *Pegel* ihres *Vorfluters* („Hauptfluss") für kurze Zeit um einige Meter rapide ansteigen, welcher sich wiederum über die *Alluvialflächen* der Gebirgsfüße („Sedimentationsgebiete") seinen Weg in Richtung Meer bahnt, in das die Wassermengen letztlich abfließen. Überschwemmungen können demnach in Japan nicht lange andauern – nach ein bis zwei Tagen erreichen die von Fluten betroffenen Flüsse wieder ihren Ausgangspegel. Die *Abflussregimes* japanischer Flüsse sind nicht zuletzt deshalb den *komplexen Abflussregimen* nach PARDÉ zuzuordnen. Solch mächtige Flutereignisse lassen trivialerweise auf ebenso *mächtige Sedimentationsraten* in den *Alluvialebenen* der *Täler* bzw. *Küstengebiete* schließen. (vgl. OGUCHI ET AL., 2001: 7).

Materialabgänge durch *Muren* spielen ebenfalls eine signifikante Rolle beim Transport von Sedimentfracht in steilem Gelände. „[Eine Mure ist ein] *Strom* aus *Wasser, Boden, Gesteinsschutt* und *Blöcken* (wobei der feste Materialanteil [...] überwiegt), der sich im *Hochgebirge* nach *plötzlichen Starkregengüssen* oder Schneeschmelzen an *Hängen*, in vorgezeichneten Tieflinien, z.B. [...] *Wildbächen*, meist *sehr rasch* zu Tal bewegt. [...] Der Schlammstrom bewegt sich ähnlich dem Fluss – in der Mitte schneller als an den Rändern. Die Ablagerungsform ist der *Murkegel*, der in den Hochgebirgstälern Wege, Straßen, Siedlungen und Kulturland verschütten kann (LESER, [13]2005: 582)."

Unabhängig vom *Transportmedium* (Fluss, Schlammstrom, Mure, etc.), werden Sedimente in japanischen Gebirgen innerhalb kurzer Zeiträume, meistens weniger Jahrzehnte, von der Abrissnische zum Gebirgsfuß transportiert. Die Oberflächenablagerungen der *rezenten Talsohlen* sind daher überwiegend *älteren* geologischen Alters – ausgenommen Gebiete größerer Naturkatastrophen, bei denen vielzahlige Sedimentschichten abgelagert wurden, welche aufgrund ihrer Mächtigkeit noch nicht abgespült werden konnten. In anderen Worten: Längerfristige *in situ - Sedimentation in japanischen Gebirgen* wird durch die gegenwärtigen klimatischen und morphologischen Verhältnisse verhindert. Die Akkumulation/Sedimentation erfolgt daher während der *Hochwasserereignisse* in den *Flussbetten* der alluvialen *braided rivers* (vgl. OGUCHI ET AL., 2001: 7). Abbildung 7 zeigt einen solchen *Wildfluss*, der aus dem Gebirge heraus über die Ebene fließt und durch Überschwemmungen in der Vergangenheit reichlich Material abgelagert hat, was ihn nun zum *Mäandrieren* innerhalb seines eigenen Bettes zwingt.

2.2.5 Hydro-geomorphologische Ereignisse durch Erdbeben und eruptiven Vulkanismus

Obwohl *Taifun-Wetterlagen* mit ihren Regenschauern und Überflutungen in den meisten Fällen für die rapide Produktion, Transportierung und Akkumulation von Sedimenten in japanischen Gebirgen allein verantwortlich sind, darf der *Einfluß tektonisch-vulkanischer Aktivitäten* entlang der *Plattengrenzen* nicht unerwähnt bleiben. *Erdbeben* im Gebirgsland, mit Amplituden von 6 Stufen auf der *Richter-Skala*, bewirken oftmals verheerende Rutschungen, Bergstürze und subsequente Murenabgänge. Derartige erdbebenbedingte Denudationen führen zudem nicht selten zur Entstehung *natürlicher Dämme*, indem der *Murkegel* die *Talsohle* überfährt und für einen Bach oder Fluß als Hindernis, sprich *Staudamm*, wirkt. *Brüche* solcher Dämme führten in der Vergangenheit mehrmals zu katastrophalen Überflutungen in flussabwärts gelegenen Landesteilen (vgl. OGUCHI ET AL., 2001: 9). CHIGIRA und YAGI (2006) zeigten anhand ihrer Studien über das *Mid Niigta prefecture – Erdbeben* von 2004 u.a. auf, daß die Auswirkungen eines Bebens für unterschiedlich *anstehendes Ausgangsgestein* unterschiedlich schwer ausfallen können. So traten Hangrutschungen usw. häufiger dort auf, wo verschiedene Sedimentgesteine aneinander grenzten oder das Gestein bereits durch vormalige Beben beansprucht worden war (vgl. CHIGIRA/YAGI, 2006: 202-221).

Im Jahre 2001 gab es auf dem japanischen Inselbogen laut der JAPAN METEOROLOGICAL AGENCY ganze 86 aktive Vulkane. Einige dieser Vulkane machten sich in der jüngsten Vergangenheit einen Namen durch außergewöhnlich schnelle *Erosions- und Erdmassenbewegungen* während oder unmittelbar nach einer *Eruption*:

Während der eruptiven Phase (1991 bis 1994) des Vulkans *Unzen-Fugendake* in West-Kyushu fanden immerwiederkehrende *pyroklastische Schlammströme* nach vorhergehendem Einsturz eines *Lava-Doms* auf dem Gipfel statt. Diese Ströme wurden begleitet von einer Serie regenbedingter Murenabgänge, die bis zum Gebirgsfuß reichten. Ein weiteres Beispiel ist der Ausbruch des Vulkanes *Usu* in Hokkaido (1977 bis 1978): Es traten hier die gleichen Prozesse wie beim Unzen-Fugendake auf, jedoch wurden diese ergänzt durch *Lawinen* und *erdrutschartige Massenbewegungen* – ausgelöst durch den Austritt *vulkanischer Wärme* und die dadurch bedingte *Schneeschmelze* (vgl. KADOMURA ET AL., 1983).

Die für einen Vulkanausbruch typischen *Ascheregen* wirken sich ebenfalls auf die Häufigkeit von Rutschungsdenudationen oder Murenbildungen aus: Schon eine geringe *Aschedecke* reduziert die *Wasserdurchlässigkeit* (*Permeabilität*) der Bodenoberfläche und führt zusammen mit der hohen *Erodierbarkeit* und/oder *Instabilität* neu an den Hängen abgelagerter vulkanischer *Auswurfmaterialien* (*vulkanische Bomben, Lapilli, Schutt,* etc.) oder *Lava-Barrieren* zu erneuten Murenabgängen, Schlammströmen, *Erdfließen*, o.ä. (vgl. OGUCHI ET AL., 2001: 9).

2.3   Glazialmorphologie

Glazialmorphologie ist immer auch ein Stück weit *Paläogeographie* bzw. *historische Geographie* der letzten *Eiszeit;* die in diesem Kapitel beschriebenen Formen lassen sich daher sowohl dem rezenten als auch dem historischen glazialen *Formenschatz* Japans zuordnen.

Die Japanischen Alpen besitzen heute keine *Plateau-* oder *Talgletscher* mehr. *Kargletscher* mit ihren *Nivationsnischen* (hier kann der Schnee des letzten Winters ganzjährig liegen bleiben) sind dagegen verbreitet. Während der letzten Eiszeit, dem *Weichselglazial*, waren jedoch annähernd alle Gebirgs-*Gipfel* Japans mit einer Höhe > 2800 m von *Eis* bedeckt und jedwede Gletscherformen vermochten sich auszubilden. An den Gipfeln unterhalb 2800 m ü. NN Höhe lassen sich heutzutage keine rein *glaziale* Spuren finden – hier begann das *Periglazialgebiet.* Die *Schneegrenze*, d.h. die Linie einer ganzjährig vorhandenen zusammenhängenden *Schneedecke*, hat sich demnach im Laufe mindestens der letzten 10.000 Jahre um einige hundert Meter bergauf verschoben (vgl. KOBAYASHI, 1958: 23-24).

Der Rückzug des Schnee, Firn und Eises in höhere Lagen ließ im *Eisrückzugsgebiet* vielerlei *glazialmorphologische Formen* zum Vorschein kommen. So existieren in den Japanischen Alpen, ebenso wie in allen anderen eiszeitlich überprägten Gebirgen der Welt, *Moränen* jeglicher Art und *Kare* mit ihren *Gletschern*. „[Eine Moräne] ist das gesamte, vom Gletscher transportierte und abgelagerte Material, unabhängig von dessen Art und der Zeit der Ablagerung bzw. Bewegung. [...] Man unterscheidet in Bezug zu Position und Gestalt des Gletschers *Grundmoräne, Endmoräne, Seitenmoräne,* [...] und *Innenmoräne* (LESER, [13]2005: 576).“ Als Kar bezeichnet man die „Ursprungsstelle des Gletschers und im einfachsten Fall eine sesselförmige *Felswanne* in einem steileren Berghang, die einen flachen, gewölbten Boden und einen anschließenden Anstieg zur *Karschwelle* aufweist. [...] Die Gestalt des Kars wird von *Gesteinsart, -lagerung, -klüftung,* aber auch von *Verwitterung* und *Eisarbeit* bestimmt. Der Grundriss des Kars kann daher rund, eckig, länglich oder unregelmäßig sein. Das Kar ist eine Glazialform, die aus *Schneenischen* und *Firnflecken* hervorgeht, aus denen dann Eis entsteht, das sukzessive wächst. Bei weiterem Belastungsdruck wandert das Eis über die Karschwelle hinweg und bildet somit den *Gletscher* (LESER, [13]2005: 412).“

Im *Periglazialgebiet* konnten sich ungestört von überprägendem Eis *periglaziale Formen* ausbilden. So findet man in den Gebirgen Japans überall *Frostmusterböden, Steinströme, Block-* und *Felsmeere, asymmetrische Täler, Flußterrassen,* uvm. vor (vgl. KOBAYASHI, 1958: 28).

Die Entstehung von Frostmusterböden oder Steinströmen ist bedingt durch *frostdynamische Prozesse* infolge von *Gefrier-, Regulations-, Verwürgungs-* sowie *Auftaumechanismen* auf und innerhalb des oberflächennahen *Substrates* (vgl. WÜTHRICH/THANNHEISER, 2002: 28).

Block- und Felsenmeere entstehen unterhalb sogenannter *Frostkliffs* durch den Schwerefeld bedingten Absturz und die anschließende Akkumulation von Gesteinsmaterial eines höher gelegenen *Kliffs* bzw. einer *Felswand* (vgl. ZEPP, [4]2008: 107). Größere Flüsse, so auch die japanischen Gebirgsflüsse, werden stets von *terrassenförmig angeordneten Resten alter (Paläo-)Talböden* begleitet – den Flußterrassen; sie zeugen davon, daß jene Täler nicht in einem kontinuierlichen Prozess entstanden sind (vgl. die Flußterrassen der *Tokachi-Ebene* bei HIRAKAWA, 1977: 255-256). *Phasen der Ausräumung* bzw. *Eintiefung* wechselten sich ab mit solchen der *Stagnation* bzw. *Aufschotterung*. Während der *Kaltzeiten des Quartärs*, den *(Inter-) Glazialen*, wurde durch z.B. *Frostsprengung* und *Hangschutt* enorm viel *Verwitterungsmaterial* den Tälern zugeführt, welches die *braided rivers*, die *Wildflüße*, trotz der wasserreichen sommerlichen Monate nicht abtransportieren konnten. Hieraus resultierte eine Auffüllung der Täler durch Mengen an *Sand, Kies* und *Geröll*. Bei wärmeren und feuchteren klimatischen Bedingungen gegen Ende der Kaltzeiten und *aufkommender Vegetationsdecke* verlangsamte bzw. versiegte die Materialzufuhr. Die Flüsse konnten sich nun einschneiden, jedoch nicht die gesamten zuvor aufgeschotterten Talausfüllungen ausräumen, sodaß infolgedessen Reste des ehemaligen Talbodens als *Schotterterrassen* erhalten blieben – bis heute. In den *quartären Warmzeiten*, den *(Inter-)Stadialen*, traten keine nennenswerten morphologischen Veränderungen ein: Bei einer ausgeglichenen Wasserführung hatten die Flüsse etwa das gleiche Abflussverhalten wie heute. Da im *Quartär* insgesamt die Eintiefung bzw. Ausräumung überwog, findet man die *jüngsten Flußterrassen zuunterst* in den Tälern vor (vgl. MEIER-HILBERT, 2001: 15-16). Abbildung 8 veranschaulicht noch einmal die soeben beschriebene Abfolge von warmzeitlicher Eintiefung und kaltzeitlicher Aufschotterung im Quartär.

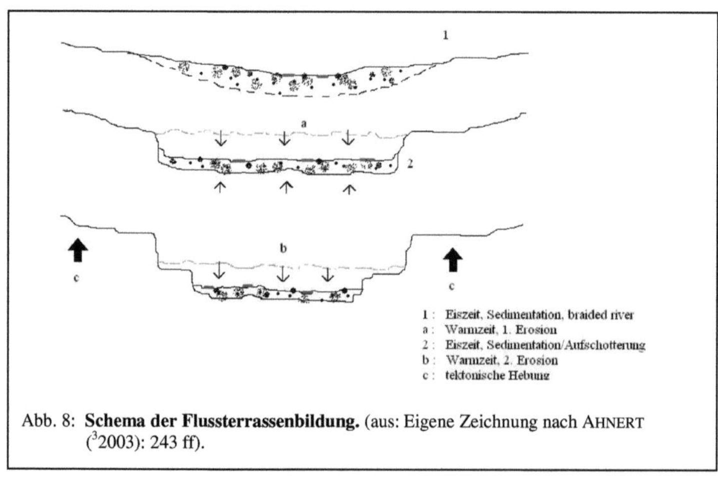

Abb. 8: **Schema der Flussterrassenbildung.** (aus: Eigene Zeichnung nach AHNERT ([3]2003): 243 ff).

3 Die Japanischen Inseln im Spiegel der Geologie

3.1 Allgemeine Geologie

„Das *geologische Gerüst* des Hauptinselbogens ist in geradezu rhythmischem *Wechsel* zwischen *kontinentalen* und *maritimen Stadien* entstanden (TIETZE, [2]1973: 604)." Im *Neogen* erfolgte die bisher letzte *Konsolidierung* (*Versteifung* und *Verfestigung*) des Grundgerüstes ebenjener Erdkrustenabschnitte, die zu den heutigen japanischen Inseln geführt haben. Etwa zeitgleich setzt das sogenannte „*Inselbogen-Stadium*" ein, d.h. angetrieben durch die *Plattentektonik* wird der *Vulkanismus* belebt, der bis heute in unabgeschwächter Form andauert (vgl. MINATO ET AL., 1965). Dass die Plattentektonik tatsächlich noch nicht konsolidiert ist, belegen die immer wiederkehrenden *Erd-* und *Seebeben*. „Was sich seit dem *Pliozän* als Hauptinselbogen darstellt, ist eine aus durchschnittlich 9.000 m tiefem Meer aufsteigende, insgesamt *12.000 m* hohe *Gebirgsmauer*, die den Zugang zum Festland versperren würde, wenn nicht die engen *Gebirgspässen* gleichenden *Tore* der *Soya-, Tsugaru-* und *Tsushima-Korea-Straße* eingebrochen wären. Der heutige Wasserspiegel des Ozeans umzeichnet die Gipfelreihen dieser Mauer, und nur weil das Meer bis an die *Bergschultern, Hochtäler und Pässe* reicht, erscheint das, was zusammengehört, in mehr als *3000 Inseln* aufgelöst [...] (TIETZE, [2]1973: 604)." Auf die Tatsache, daß die Gebirge der japanischen Inseln unterschiedlichen *Streichrichtungen* (Südjapan in *sinischer*, Nordjapan in *nord-südlicher*) folgen, wurde bereits im Kapitel »Plattentektonik« hingewiesen. Dies bewirkt eine geologische Zweiteilung des Landes. In Japan spricht man dies mit den Termini „*Innen – und Außenzone*" sowie der dazwischen liegenden *japanischen Inlandsee* an. Alte *kristalline Schiefer* mit darüber liegendem Gestein aus dem *Jura* und *jüngerer Formationen* prägen den Charakter der Außenzone. Als Innenzone wird ein „buntes Gewirr" von *Granitintrusionen* und *vulkanischen Durchbrüchen* bezeichnet, die das *alte Grundgebirge* vollkommen durchsetzt oder überlagert haben (vgl. TIETZE, [2]1973: 601). Nach TIETZE ([2]1973) lässt sich die Außenzone südlich einer „*Medianlinie*" (einer 900 km langen von WSW nach ONO verlaufenden *Bruchlinie*) verorten, welche aus dem Raum *Mittel-Kyushus* durch *Nord-Shikoku* und die *Kii-Halbinsel* bis zu den japanischen *Südalpen* am Rande der *Fossa Magna* verläuft. Die Innenzone dagegen wird von *Nord-Kyushu* und *Chugoku* (*SW-Honshu*) gebildet. Als japanische Inlandsee wird das in viele *Inseln* und *Buchten* zerlöste *Bruchfeld* am Nordrande der Medianlinie bezeichnet. In NO-Japan bzw. *Tohoku* sind es alte *Rumpfschollengebirge*, die die dortige Außenzone bilden, welche an den Pazifik grenzt. Zwei *meridional* verlaufende *Vulkanreihen* bilden hier die Innenzone. Abbildung 9 stellt die soeben erworbenen Kenntnisse über die geologischen Verhältnisse Japans noch einmal graphisch dar. Auf Abbildung 1 darf ebenfalls noch einmal verwiesen werden.

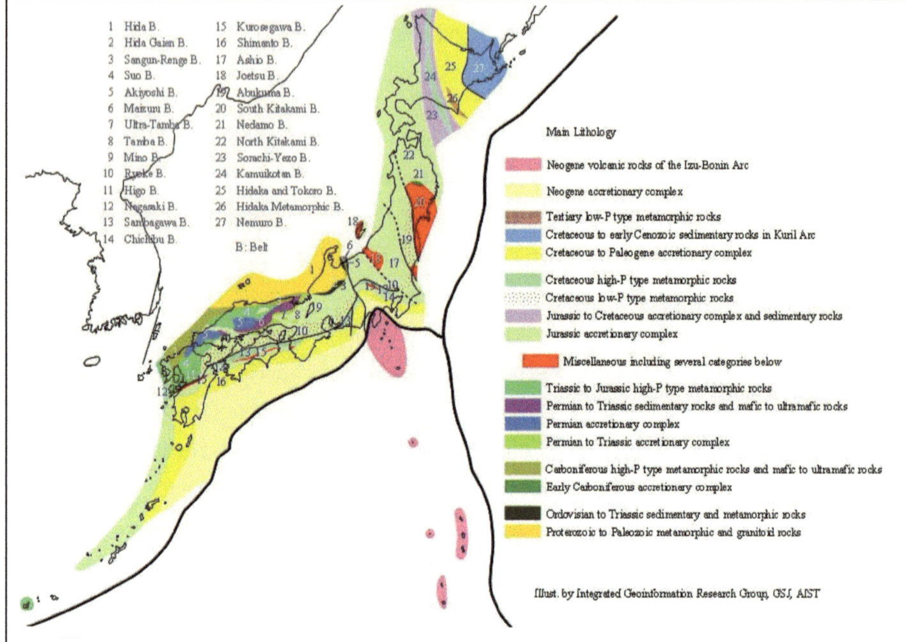

Abb. 9: Geologische Karte Japans. Die Zahlen 1-27 führen die geologisch bedeutenden Großregionen Japans auf. Die Farbkästchen stellen die geologischen *Zeitalter* dar. Das geübte Auge erkennt besonders gut die WSW-ONO verlaufende *Medianlinie*, welche die *Außen- und Innenzone* geologisch unterschiedlicher Gesteinsvorkommen voneinander trennt. Ebenfalls erkennt man, daß Japan eine sehr *komplexe* Geologie aufweist (aus: INTEGRATED GEOINFORMATION RESEARCH GROUP, o.J.).

3.2 Angewandte (Ingenieurs-)Geologie in Japan

Aufgrund seiner äußerst *komplexen Geologie*, seiner Lage an den *Plattengrenzen* mehrere Erdplatten und aufgrund seines aktiven *Vulkanismus'* stellt der *Japanische Inselbogen* eine Herausforderung für *Ingenieure* wie *Geologen* gleichermaßen dar. Geologische *Formationen* sind kompliziert verformt und verschoben durch unzählige *aktive Verwerfungen*. Aus diesem Grund ist es für die Planung und Durchführung großer Bauprojekte, wie bspw. *Kernkraftwerke*, unterirdische *Stromgewinnungsanlagen* oder (erdbeben-)sichere *Endlager*, von hoher Dringlichkeit und Bedeutung ausführliche und detaillierte Informationen über den bodennahen Untergrund zu erlangen, um eine langfristige *Stabilität* der Bauwerke gewährleisten zu können. Die Standorte vieler Großprojekte, wie *Stelzen-Autobahnen*, Vorhaben zur Gewinnung *regenerativer, neuer Energien* oder *Geothermie* mußten vorher auf geologische Stabilität hin untersucht werden. In Fragen der *Endlagerung*, z.B. von Atommüll, war und ist es notwendig, daß *Politik und Geologie* eng zusammenarbeiten. Auch Bauten zum *Schutz vor Naturgefahren* benötigen ein geologisch stabiles Fundament (vgl. KANAORI/TANAKA, 2000).

4   Fazit – Quo vadis Nihon?

Extremereignisse wie Rutschungen, Bergstürze, Murenabgänge, Erdfließen, Erdbeben, Seebeben, Taifune, Überflutungen oder Überschwemmungen sind älter als die Menschheit; sie stellen für sich genommen schlicht *geomorphologische Prozesse* dar, die natürlicherweise ganz selbstverständlich ablaufen. Sie sind eingebettet in größere *Systemkreisläufe* wie z.B. die *orogenetische Genese* und *verwitterungsbedingte Abtragung* von Gebirgen, dem DAVIS-*Zyklus*, welcher Jahrmillionen lang andauern kann bevor er vollendet und von neuem begonnen wird (vgl. ZEPP, ^{4}2008: 75 ff). Sie besitzen somit alle einen naturgegebenen Sinn, der unumstößlich und für sich genommen wenig schädlich ist. Treffen *Naturgewalten* jedoch auf den *Menschen*, so war dies seit jeher ein Spannungsfeld besonderer Partnerschaft. Erst der Mensch in seinem Streben nach *Urbarmachung* der Natur deutet solch Extremereignisse um – zu *(Natur-)Katastrophen*. In Japan gibt es derer sehr viele, regelmäßig fallen Erdbeben, Rutschungen, Vulkanismus, Taifunen und Überschwemmungen Menschenleben zum Opfer. Es herrscht der allgemeine Konsens, daß die Ursachen derartiger Katastrophen nicht abstellbar, sondern nur die *Symptome* und *Folgen* nachsorgend abgemildert oder präventiv eingeschränkt werden können. Ziel ist es, den Schaden an Mensch und Material so gering wie möglich zu halten. FUJISAWA ET AL. (2010) beschreiben in ihrer Arbeit über das *Krisenmanagement* infolge des *taifunbedingten Hangrutsches* in *Otomura* (Januar 2004) zwei *Schutz-Strategien*, welche für Naturkatastrophen in Japan angewandt werden.

1) *„Risk Control"*: Aktivitäten und Möglichkeiten der Vorhersage, Vorsorge und dem frühzeitigen Erkennen von Schadpotentialen (→ *Vorsorge*)

2) *„Crisis Mitigation"*: Abschwächung der Schadfolgen, Hilfe bei Wiederaufbaumaßnahmen (→ *Nachsorge*)

Japan geht seinen Weg! Geomorphologie, Geologie und die Auswirkungen auf den Menschen erläutern. Dies waren die Stichpunkte aus der Einleitung. Am Ende einer jeden Hausarbeit stellt sich somit immer die Frage: „Ist dies gelungen?" In Anbetracht der Tatsache, daß man es hier mit einem komplexen Thema zu tun hat, ganze Abhandlungen darüber verfasst wurden und eine jede Hausarbeit dagegen sehr bescheiden wirkt, denke ich, daß diese wenigen Seiten doch einen kleinen, aber feinen Einblick in das *physischgeographische Japan* geben konnten.

Ich möchte denn nun schließen mit einem mir sehr passend erscheinenden Zitat JOHANN WOLFGANG VON GOETHES (1749 – 1832):

> *„So eine Arbeit wird eigentlich nie fertig, man muß sie für fertig erklären, wenn man nach Zeit und Umständen das Mögliche getan hat. "*

B   Literaturverzeichnis

AHNERT, F. (^{3}2003): Einführung in die Geomorphologie. UTB Ulmer. Stuttgart (Hohenheim).

CHIGIRA, M. & H. YAGI (2006): Geological and geomorphological characteristics of landslides triggered by the 2004 Mid Niigta prefecture earthquake in Japan. In: Engineering Geology, 82 (2006): 202-221. Elsevier Verlag. Kyoto.

CITIZEN'S NUCLEAR INFORMATION CENTER (CNIC) (2010): *ohne Namen*. In: Internet (Zugriff am 04.11.2010): http://cnic.jp/english/newsletter/nit103/nit103img/TectonicJapan.gif

FUJISAWA, K., MARCATO, G., NOMURA, Y. & A. PASUTO (2010): Management of a typhoon-induced landslide in Otomura (Japan). In: Geomorphology (accepted manuscript). Elsevier Verlag.

GNIBIDENKO, H. (1979): The tectonics of the Japan Sea. In: Marine Geology, 32 (1979): 71-87. Elsevier Verlag. Amsterdam.

HAACK WELTATLAS (2007). Klett Perthes Verlag. Gotha, Stuttgart.

HIRAKAWA, K. (1977): Chronology and evolution of landforms during the Late Quaternary in the Tokachi Plain and adjacent areas, Hokkaido, Japan. In: Catena, 4: 255-288. Giessen.

INTERNATIONAL GEOINFORMATION RESEARCH GROUP (o.J.): *ohne Namen*. In: THE GEOLOGICAL SURVEY OF JAPAN (GSJ) AIST (Hrsg.): Internet (Zugriff am: 05.11.2010) http://www.gsj.jp/geomap/J-geology/J-geologyE.html

KADOMURA, H., YAMAMOTO, H. & T. IMAGAWA (1983): Eruption-induced rapid erosion and mass movements on Usu Volcano, Hokkaido. In: Zeitschrift für Geomorphologie Neue Folge Supplementary Band 46: 123-142.

KANAORI, Y. & K. TANAKA (2000): Preface. The present state of engineering geology in Japan. In: Engineering Geology, 56 (2000): vii-viii. Elsevier Verlag.

KAPPAS, M. (2009): Klimatologie. Klimaforschung im 21. Jahrhundert – Herausforderung für Natur- und Sozialwissenschaften. Spektrum Akademischer Verlag. Heidelberg.

KATSUBE, K. & T. OGUCHI (1999): Altitudinal changes in slope angle and profile curvature in the Japan Alps: a hypothesis regarding a characteristic slope angle. In: Geographical Review of Japan, 72 B (1999): 63-72.

KOBAYASHI, K. (1958): Quaternary Glaciation of the Japan Alps. In: Journal of the Faculty of Liberal Arts and Science, Shinshu University. Part 2, Natural science, 8: 13-67.

LESER, H. (Hrsg.) ([13]2005): Diercke Wörterbuch Allgemeine Geographie. dtv. München.

MATSUMOTO, J. (1993): Global distribution of daily maximum precipitation. In: Bulletin of the Department of Geography, University of Tokyo 25: 43-48.

MEIER-HILBERT, G. (2001): Geographische Strukturen. Das natürliche Potenzial. – In: HOFF-MANN / MEIER-HILBERT (2001): 7-41.

MICHIUE, M. & K. KOJIMA (1980): Prediction of slope failures due to heavy rains. Abstracts, Symposium on Natural Disaster Sciences, 17: 131-134.

MINATO, M., GORAI, M. & M. FUNAHASHI (1965): The Geologic Development of the Japanese Islands. Tokyo.

OGUCHI, T. (1996): Factors affecting the magnitude of post-glacial hillslope incision in Japanese mountains. In: Catena, 26: 171-186.

OGUCHI, T., SAITO, K., KADOMURA, H. & M. GROSSMAN (2001): Fluvial geomorphology and paleohydrology in Japan. In: Geomorphology, 39 (2001): 3-19. Elsevier Verlag. Tokyo.

OHMORI, H. (1983): Characteristics of the erosion rate in the Japanese mountains from the viewpoint of climatic geomorphology. In: Zeitschrift für Geomorphologie Neue Folge Supplementary Band 46: 1-14.

OLLIER, C.D. (2006): Mountain uplift and the Neotectonic Period. In: Annals of Geophysics, Supplement to Vol. 49, N. 1 (2006). Perth.

SCHÖLLER, P. (Hrsg.) (1987): Japan. In: Fischer Handbücher. Fischer Länderkunde Ostasien. Fischer Taschenbuch Verlag. Frankfurt am Main.

SMITH, A.J. (1982): The Neogene to Recent geology of Japan and its surrounding seas. In: Proc. Geol. Ass., 93 (2) (1982): 161-178. London.

TIETZE, W. (Hrsg.) (^{2}1973): Westermanns Lexikon der Geographie. Ungekürzte Sonderausgabe 1982 – alle Bände. Zweiburgen Verlag. Weinheim.

WÜTHRICH, C. & D. THANNHEISER (2002): Das Geographische Seminar. Die Polargebiete. Westermann Verlag. Braunschweig.

ZEPP, H. (^{4}2008): Grundriss Allgemeine Geographie. Geomorphologie. Verlag Ferdinand Schöningh. Paderborn.